U0304557

这就是宇宙吗？

给孩子的宇宙探索简史

[美] 杰弗里·贝内特 / 著　　魏蕊 / 译

湖南少年儿童出版社
HUNAN JUVENILE & CHILDREN'S PUBLISHING HOUSE
小博集
BOOKY KIDS

著作权合同登记号:图字18-2019-082

图书在版编目（CIP）数据

这就是宇宙吗？:给孩子的宇宙探索简史 /（美）杰弗里 · 贝内特著；魏蕊译. —长沙：湖南少年儿童出版社，2019.9（2022.7重印）

ISBN 978-7-5562-4696-0

Ⅰ. ①这… Ⅱ. ①杰… ②魏… Ⅲ. ①宇宙—少儿读物 Ⅳ. ①P159-49

中国版本图书馆CIP数据核字(2019)第161488号

ZHE JIUSHI YUZHOU MA? GEI HAIZI DE YUZHOU TANSUO JIANSHI
这就是宇宙吗?给孩子的宇宙探索简史

［美］杰弗里 · 贝内特 / 著　魏蕊 / 译

责任编辑：阳　梅　李　炜
策划编辑：张亚丽
营销编辑：史　岢　付　佳　李　秋
封面设计：姜利锐

策划出品：小博集
特约编辑：李孟思
版权支持：金　哲
版式排版：李　洁

出 版 人：胡　坚
出　　版：湖南少年儿童出版社
地　　址：湖南省长沙市晚报大道89号
邮　　编：410016
电　　话：0731-82196340（销售部）　0731-82194891（总编室）
传　　真：0731-82199308（销售部）　0731-82196330（综合管理部）
常年法律顾问：湖南云桥律师事务所 张晓军律师
经　　销：新华书店
印　　刷：北京天宇万达印刷有限公司
开　　本：889 mm × 1194 mm　1/12
印　　张：4
版　　次：2019年9月第1版
印　　次：2022年7月第4次印刷
书　　号：ISBN 978-7-5562-4696-0
定　　价：58.00 元

若有质量问题，请致电质量监督电话：010-59096394　团购电话：010-59320018

献 词

从太空中，我们可以看到地球本来的面貌——它是一个我们共同居住的美丽的小星球。因此，我想把这本书献给全人类，希望所有人能够了解我们的共同之处，激励我们一起创造一个和平与繁荣的未来。有朝一日，我们的努力能够让我们的后代启航，前往星空。

我也将这本书献给帕特里夏•特赖布、阿尔文•德鲁和国际空间站的其他宇航员，你们的“太空故事时间”项目，再次证明人类能够把想象变为现实。

作者寄语

我们处在宇宙中的什么位置？几乎每个人都曾问过这个最基本的问题，直到前段时间，都没有人真正知道这个问题的答案。然而现在，我们知道了。这要感谢不同种族、宗教、文化和不同国籍的学者和科学家的共同努力。我们现在知道，我们生活在一颗名为地球的行星上，它围绕着一颗恒星（太阳）运转，它身在一个星系（银河系）中，它位于一个充满奇迹的宇宙中，这些都是我们的祖先想象不到的。

我们对自己在宇宙中的位置了解得如此之深，其探索历程会让每个人都感到骄傲，并对未来充满希望。毕竟，“我们身在何处？”是个深刻而古老的问题，如果我们能找到答案，那么我们也将有能力解决这个时代的其他问题。

我们只有足够熟悉一个故事，才能从中学到教训。令人遗憾的是，尽管人类探索宇宙的特别故事属于全人类，但许多人还没有机会聆听它。所以，我想在这本书里，试着以简单并令人信服的方式和更多的人分享这个故事。

请注意，为了让这本书更加简洁，我简化了许多概念，并省略了许多重要的历史事件和科学发现。我希望读者能自己去学习这些被省略的片段。此外，在“太空故事时间”项目的朋友的帮助下，我们创建了一个网站，可以为你提供有关本书的更多细节，以及一些你可以在家或者学校就可以尝试的活动。我希望你能访问这个网址：www.BigKidScience.com/ihumanity。

我相信这本书讲的故事是重要的，也许我这样想有些天真，但我认为它将帮助我们大家共同努力，为所有人创建一个更美好的未来。我希望你们能同意我的说法。

去拥抱遥远而浩瀚的星空吧！

杰弗里·贝内特

怎样阅读这本书

最大的字体是故事主线。

插图和图注是故事中提到的一些想法的细节。

叙述者（“我”）代表整个人类。在你读书的过程中，请把自己想象为整个人类，你从童年（很久很久之前）成长为一个少年（现在）。

把你自己想象为整个人类，你已经经历了成千上万年的历史演变和科学发展。在接下来的故事里，你将读到我们是如何了解地球在浩瀚宇宙中的位置的。

▼我们今天知道的我们在宇宙中的位置：地球是太阳系中的一颗行星（太阳的第3颗行星）。银河系中有超过1000亿个恒星系统，我们的太阳系是其中之一。整个宇宙中有超过1000亿个银河系，我们的银河系只是其中之一。

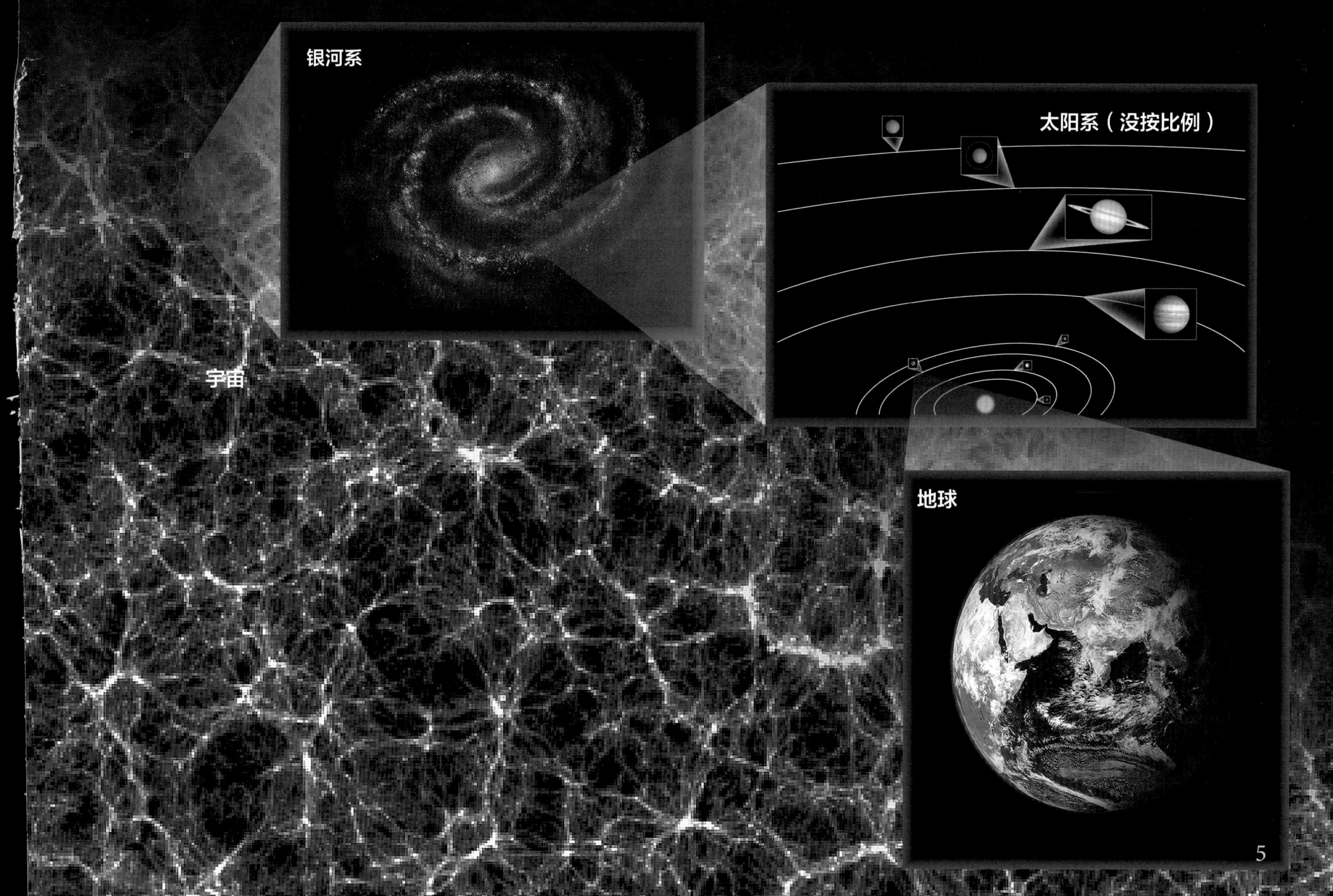

几千年前，当我还是个孩子时，我就开始试着了解我周围的世界。在我最早的记忆里，满天繁星的夜空，就像一个圆形屋顶一样，它盖在看上去很平坦的大地上。后来，我就自然而然地认为我看到的这个景象就是事实，并想知道，大地停在什么上面，星星之外又是什么。

▲很多古代人，都认同“圆形天空覆盖在平坦大地之上”的观念。因为这个观念似乎可以解释人们每天看到的景象。毕竟，如果你忽略丘陵和山谷，朝地平线放眼望去的时候，大地看上去是平的。晚上，星星在天空闪烁，整个天空就像一个巨大的圆形屋顶，一直延伸到四面八方的地平线。

东

北

南

西

太阳在夏至日时的移动路径

太阳在春分日和秋分日时的移动路径

太阳在冬至日时的移动路径

◀太阳总是从东方升起，在西方落下，但它精确的移动路径会随着季节的变化而变化。这张图显示了太阳在某些特殊日期在北纬40度上的移动路径，代表城市包括美国的丹佛、纽约，西班牙的马德里，土耳其的伊斯坦布尔，阿塞拜疆的巴库和中国的北京。在其他纬度，太阳的移动路径也会随季节的变化而变化，只是与地平线的夹角不同（在南半球，太阳的移动路径会向北倾斜）。

几个世纪过去了，我开始认识到天空中物体的运行模式。我学会通过观察太阳在天空中的位置来分辨时间，并通过观察太阳每一天的精确的路径变化，来分辨季节的变换。我观察到，月球在每29至30天的周期里怎样重复圆缺。在海边，我看到海水的潮汐现象，它随月球的圆缺变化而变化。在夜晚，我学会通过观察星星来辨别方位，并看到那些肉眼可见的星座如何随季节的变化而变化。

周日	周一	周二	周三	周四	周五	周六
				1	2	3
4	5	6	7	8	9	10
11	12	13	14	15	16	17
18	19	20	21	22	23	24
25	26	27	28	29	30	

▲月球的相位周期大约每29.5天重复一次（上图为在北半球看到的月球相位的变化情况）。现在我们每月的天数是基于这个周期计算的。海水的潮汐现象随月球相位的变化而变化，因为海水的潮汐现象是由太阳和月球的引力引起的。在新月和满月时，太阳和月球几乎在同一条线上，当它们同时对地球施加引力时，潮汐现象最强。当太阳和月球对地球施加引力的方向不同时，潮汐现象就会变弱。

▲许多古人通过建造建筑物，来帮助他们观察太阳的路径变化，以便他们能够根据季节的变换，进行农业、狩猎和宗教活动。

后来，我开始利用我辨别方位的技巧去旅行。令我惊讶的是，我在向北或向南旅行的过程中，又发现了新的星座。显然，天空中存在的东西，比我在家乡时看到的要多得多。有了这些知识，我很快就明白在月食发生的时候我看到了什么——月食发生时，地球的影子落在月球上。阴影边缘柔和的弧度，意味着我们居住的世界是圆的。

从前，我认为“天圆地平”，而现在，我开始把天空想象成一个包含太阳、月球和星星的巨大球体，而我们圆圆的地球位于它的中心。

▼星星在夜间沿着圆形轨迹移动，轨迹的中心点取决于你的位置（纬度）。当你向北或向南旅行时，星星移动轨迹的中心点就在你所看见的天空中变得更高或更低，这证明比起你之前待在一个地方看到的，天空实际上要大得多。

◀这张图展示的是地球在一个巨大的天球中心的古老观念。现在我们知道，每颗恒星与地球之间，都有不同的距离。但当时，恒星看上去位于遥远的天球上，因为它们离我们太远，所以我们的眼睛无法辨别出它们的不同距离。太阳和月球看起来也在天球上，太阳每年在天球上环绕一次，而月球则是每个月环绕一次。

我的这个新想法似乎很有道理。我设想出来的这个天球，每天都在围绕着我们的地球运转，这就证明我之前在天空中观察到的太阳、月球和星星的运行轨迹和规律。而且，因为太阳和月球在这个巨大的天球上的星座间缓慢地移动，所以也解释了季节的变化和月球的相位变化。

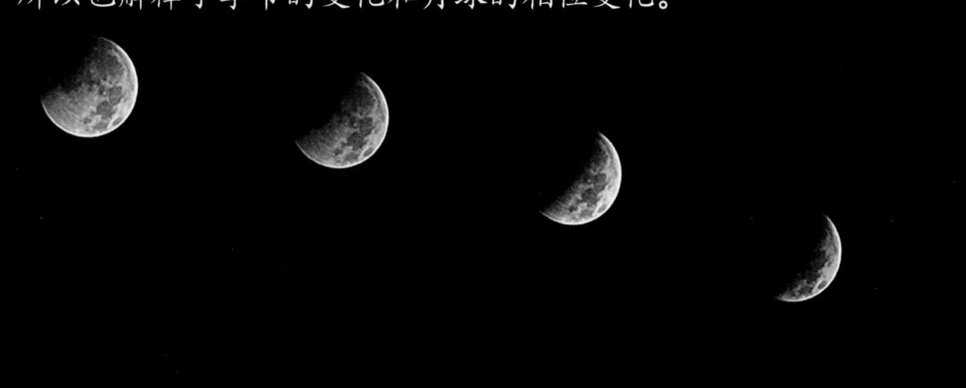

▼在任意特定的地点，你通常可以每一两年看到一次月食。在这张图中，我们从左到右看到的是在月食发生的第一个小时里拍摄的几张照片，展示了地球的阴影在月球的“脸”上一点点移动的样子。阴影的边缘是圆弧形的，这证明地球是一个球体。

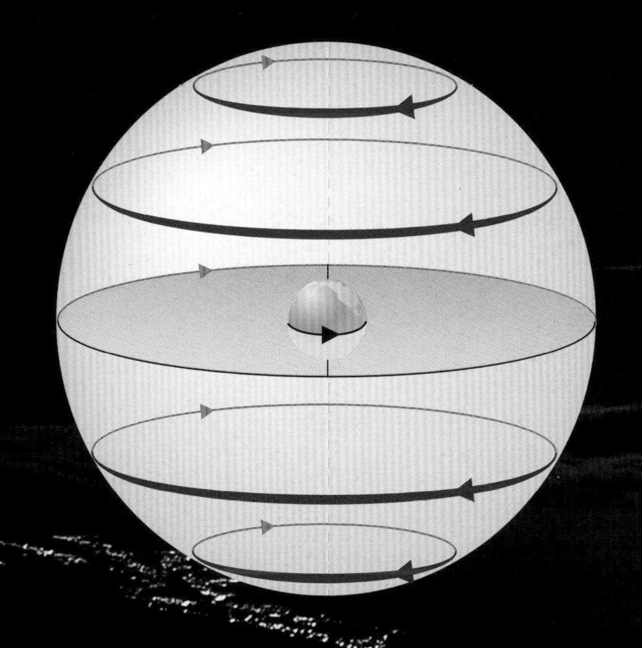

◀天球似乎每天都围着我们的地球运转，这就是为什么星星都是绕着天空中的一个中心点运转。请注意，这个中心点是在地球北极的垂直上方还是在南极的垂直上方，取决于你所在的位置。今天，我们知道，每天都在运转的是地球，而不是天球。因为地球从西向东运转，所以，太阳、月球、行星和恒星（恒星每天都遵循自己的运转轨迹，从天空中升起或落下）看起来总是从东方升起，并在西方落下。

不过，有一件事让我感到困惑。那就是我的眼睛还能看到5颗明亮的“星星”，它们像太阳和月球一样并不是固定在天空中的。但是，这5个物体又不像太阳和月球那样，总是朝着一个方向移动，而是有时会掉头向后退，并持续几周或几个月的时间。我把它们叫作“行星”。有一段时间，我甚至在想，它们是否跟人类一样，有着自己的想法呢？

▼今天我们知道的行星中，只有5颗行星能被远古时期的人类看到，因为在那个时候，它们是人类能用肉眼看到的最亮的5颗星。这张照片拍摄于2002年，而这5颗行星再一次如此邻近地同时出现在天空中，要等到2040年。有趣的是，因为“行星”（在希腊语中是流浪者的意思）一词最初是指在天空中的恒星间移动的物体，所以在古代的时候，“行星”包括太阳和月球，但不包括地球。这也是现在我们一周有7天的原因之一。

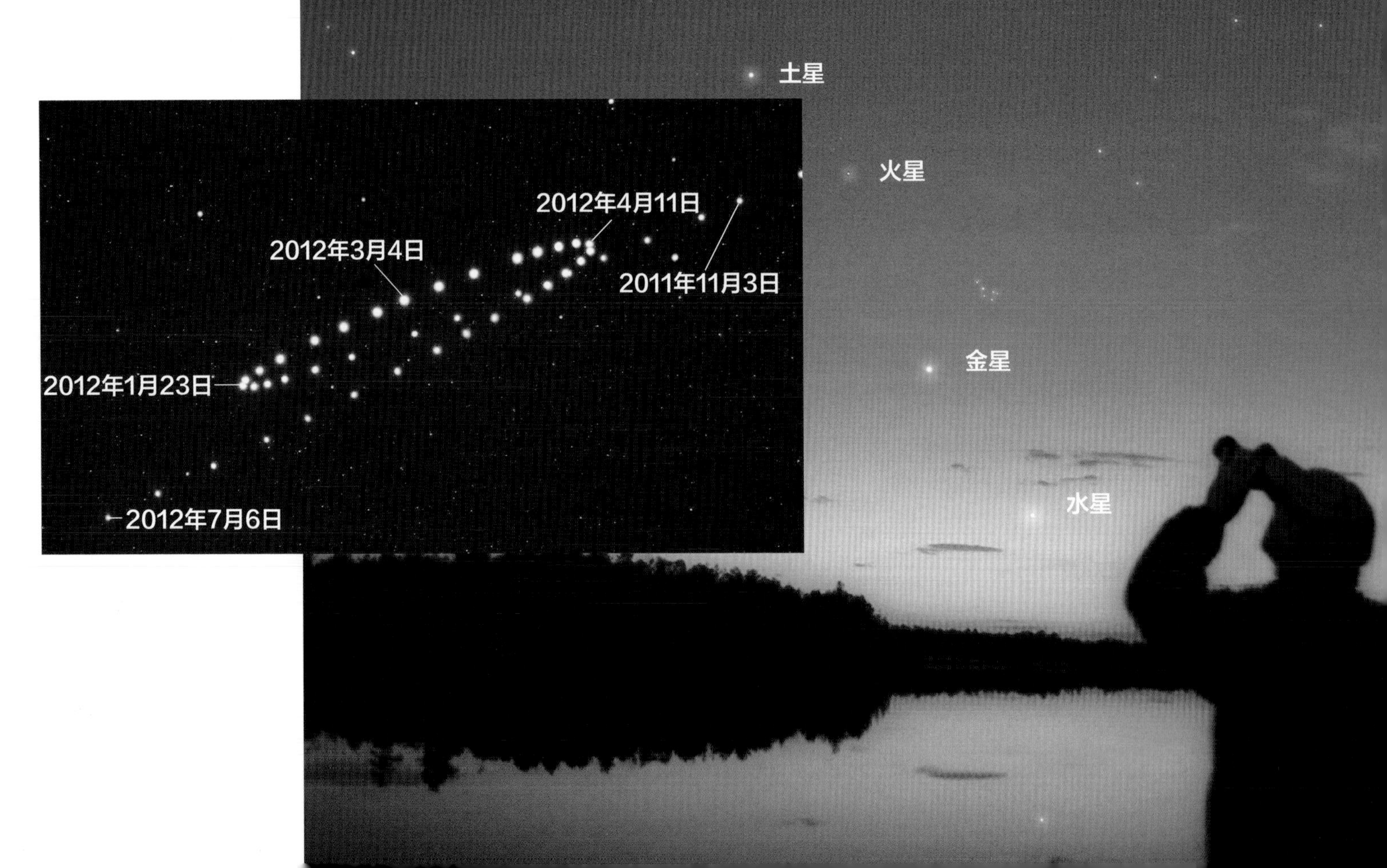

►在每个夜晚，行星都是从东方升起，在西方落下。但如果你持续观察一段时间就会发现，行星在星空中是慢慢移动的。它们不像太阳和月球那样，总是沿着相同的方向移动，行星的移动轨迹有时看起来是掉头向后的。这张图片是人类在几个月的时间里，对火星移动轨迹的观察结果。当时，古人觉得这个现象很难解释，这也是许多古代神话把行星与神或上帝联系在一起的原因之一。

于是，我花了好几个世纪的时间，想搞明白行星运动的神秘模式。终于，大约2000年前，我想到一个似乎合理的解释——至少在一段时期内是合理的。

我想象每颗行星都沿着一个小圆形轨道转动，而小圆形轨道又沿着该行星的大圆形轨道绕着地球转动。这样一来，行星转到小圆形轨道上的某个点的时候，我们在天空中看到的该行星的运行轨迹就开始反向移动。我利用数学的计算方法让这个大圆套小圆的图像更加精确。这样我就可以预测行星会在什么时候出现在夜空中的哪个位置。

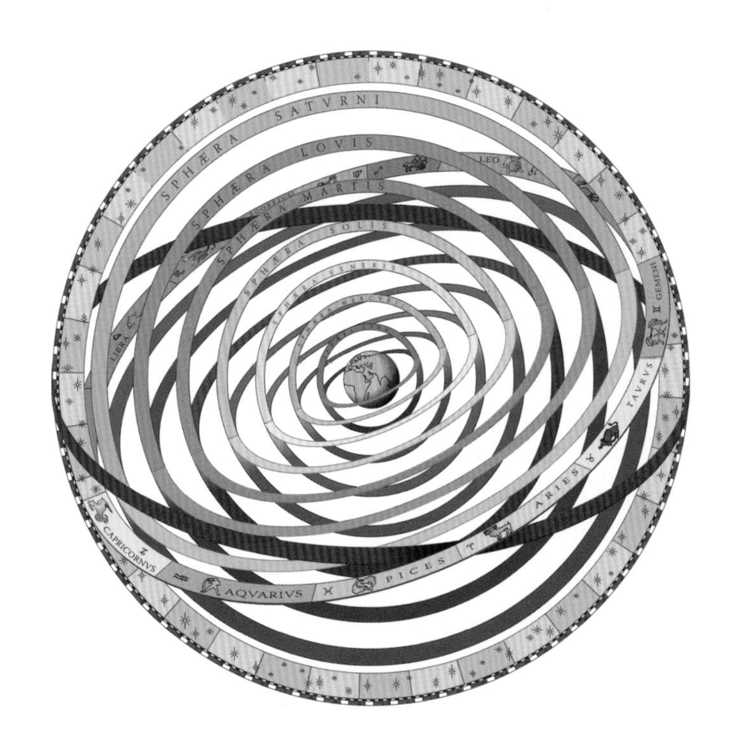

▲为了解释太阳、月球和行星在恒星之间运动的事实，古希腊学者提出，每个天体都在自己的天球层上移动，而这些天球都位于外面一个更大的恒星天球之内。这样他们就能够解释太阳和月球的运动规律了——假设这两个天体的移动速度比恒星的稍慢。但这个方法仍然不能解释前边提到的行星奇怪的运动轨迹。

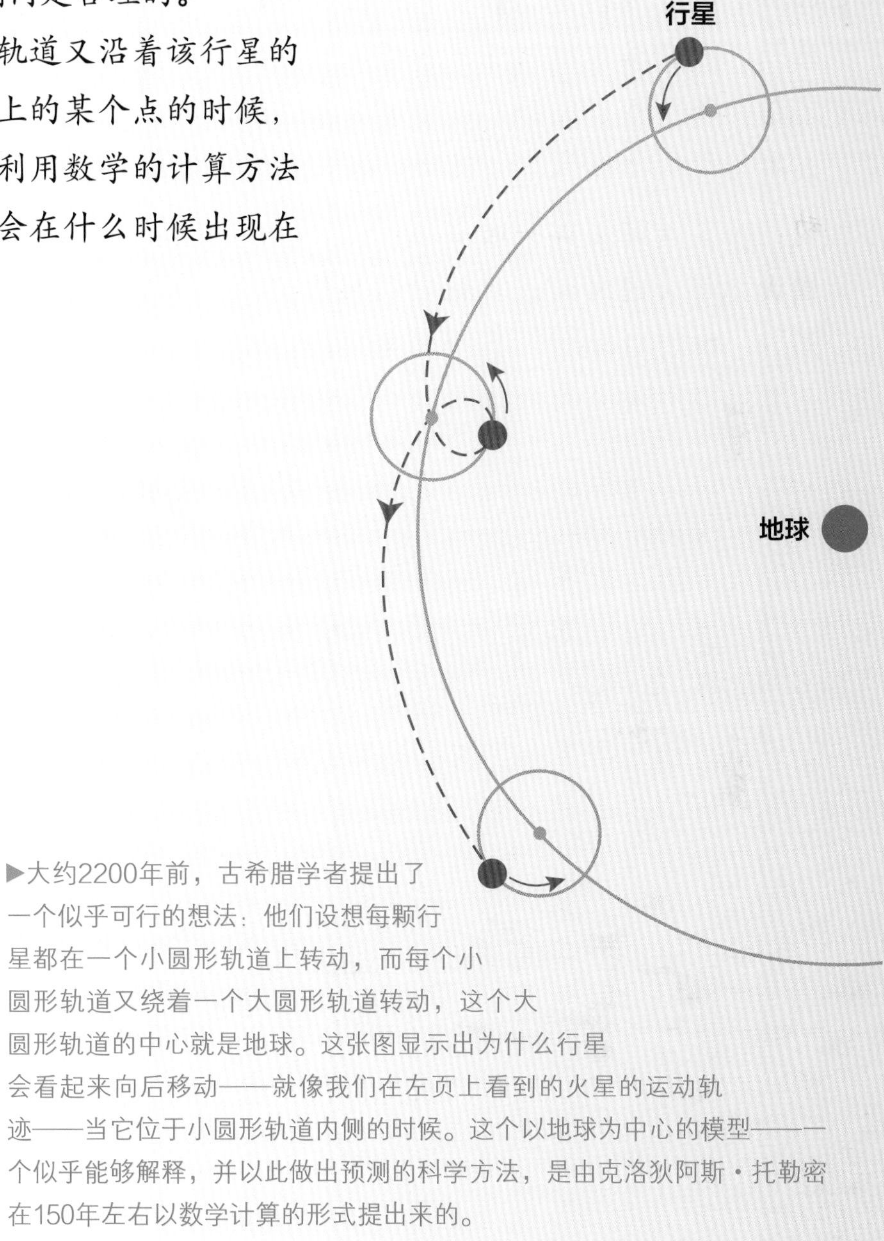

▶大约2200年前，古希腊学者提出了一个似乎可行的想法：他们设想每颗行星都在一个小圆形轨道上转动，而每个小圆形轨道又绕着一个大圆形轨道转动，这个大圆形轨道的中心就是地球。这张图显示出为什么行星会看起来向后移动——就像我们在左页上看到的火星的运动轨迹——当它位于小圆形轨道内侧的时候。这个以地球为中心的模型——一个似乎能够解释，并以此做出预测的科学方法，是由克洛狄阿斯·托勒密在150年左右以数学计算的形式提出来的。

1000多年来，我以为我已经把这一切都弄明白了。地球是宇宙的中心，恒星位于我们周围的一个巨大天体范围内，行星沿着它们的圆形轨道运转。但随着时间的推移，我掌握了更科学的推测方法，而我对行星位置的推测似乎不再那么准确了。我开始质疑我的认知，难道我对宇宙的所有认识都是错误的吗？

▼托勒密以地球为中心、圆圈套圆圈的模型被人们持续使用了1300多年，部分原因是它运行得相当好。但随着时间的推移，它出现的错误越来越多。在左图中的模型的左上方，在这个法国巴黎夜景图中，显示木星在离月球水平方向约3度（一个圆有360度）的位置上。然而在欧洲文艺复兴时期，托勒密模型经常错误地预测出木星出现在月球的另一边。

►更科学的推测工具，使托勒密模型的缺陷更加明显。这张照片就是其中一种测量工具，它叫作星盘。和许多其他的科学工具一样，在世界上第一所真正的大学——位于伊拉克巴格达的“智慧之家”——工作的学者，对星盘进行了极大的改进。在那里，建造它的伊斯兰学者与许多其他宗教和文化的学者进行了密切合作。

有一天，我尝试了一种新的想法。抛弃“一切围着地球转”这个想法，我设想地球和其他行星都是围绕着太阳运转的。我早就意识到这个想法可以解释行星运转的奇怪轨迹，因为我们随着地球的轨道运行的时候，会“经过”行星，而行星在“经过”我们之后，看起来就像是在向后退。过去，我没有严谨地思考过这个想法，但是现在，我会努力地验证，这个想法是否正确。

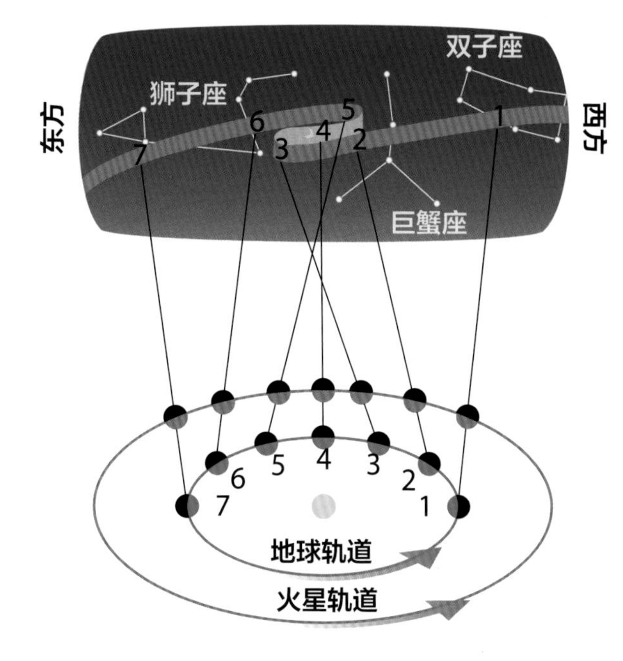

▲这张图显示出以太阳为中心的模型是如何简单地解释火星看似奇怪的运动的。地球和火星总是绕着太阳朝同一个方向运转，但地球运转的速度更快。通过将它们运转过程中所处的不同的点连接在一起的方式可以看出，火星在经过地球之后会出现掉头向后运动的轨迹（相对恒星来说）。

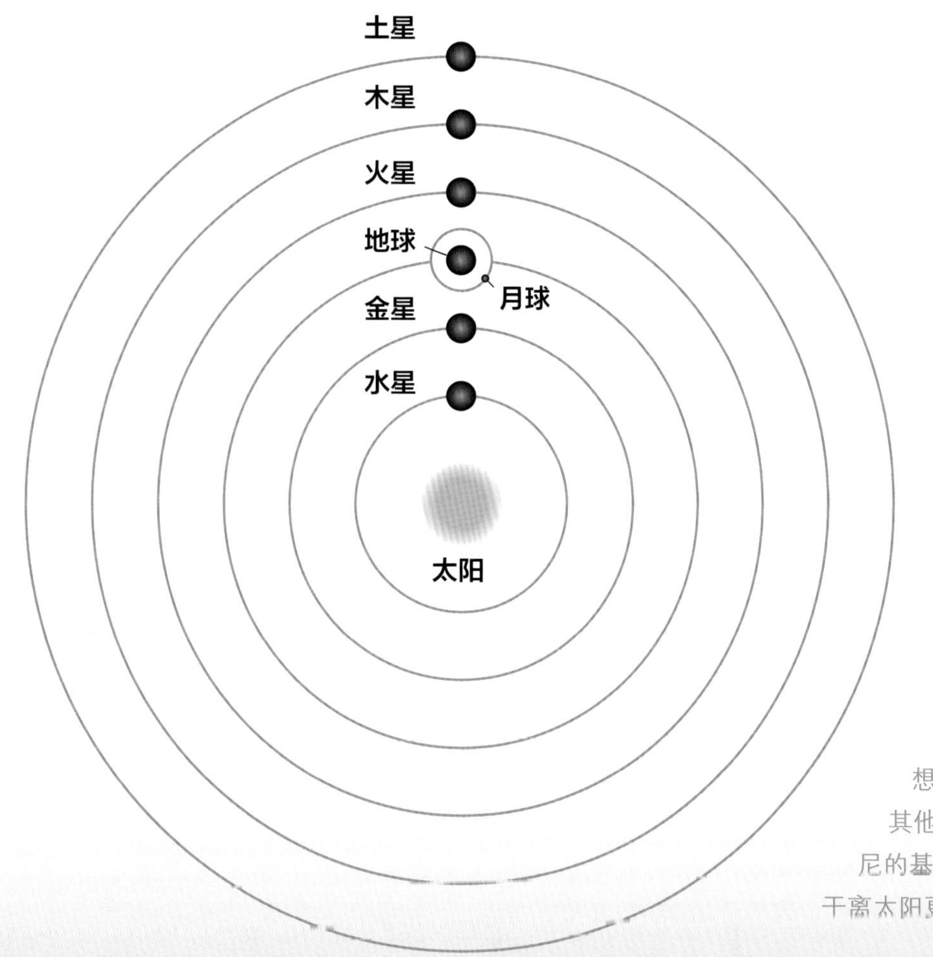

◀1543年，尼古拉斯·哥白尼出版了一本书，他在书中提出，太阳，而不是地球，才是我们太阳系的中心。他不是第一个有这种想法的人，但是正是他的这本书才让人们开始关注这个说法。虽然其他科学家花了几十年才弄清楚这个说法的细节，但我们知道，哥白尼的基本想法是正确的：地球和其他行星确实绕着太阳运转，而恒星位于离太阳更远的地方。

我很快就发现，我可以精确地预测行星移动的位置，以至我几乎可以肯定我的新想法是正确的。在我制造了第一台望远镜之后，我变得更加自信。我通过望远镜观察到卫星绕着木星运转，这证明地球不是一切的中心。我观察到金星的运行规律，证明它绕着太阳而不是地球运转。我看到了横跨我头顶上的天空的银河是由无数的恒星组成的，这证明了宇宙比我们肉眼看到的要大得多。大约400年前，我再也不怀疑这个新想法：地球不是宇宙的中心，而是围绕太阳运转的行星之一。

▼从1609年开始，伽利略制造了用于观测夜空的望远镜。在这里，我们看到他早年的3个发现证明地球真的是绕着太阳运转的。

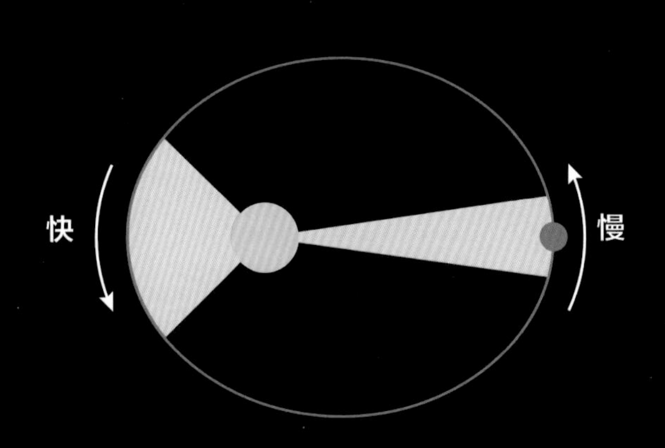

▲哥白尼认为行星绕着太阳运转，它们运转的轨道是一个完美的圆形。事实上并不是这样的。行星运行轨道的真实形状是由约翰斯·开普勒发现的。这张图展示了开普勒前2个发表于1609年的行星运动定律：（1）每颗行星的轨道都是椭圆形的，太阳在稍微偏离中心的位置上（在焦点处）；（2）行星在其轨道靠近太阳的那一部分中移动得更快（图中的2个三角形表现出了更多的科学证据——行星总是在相等的时间内扫过面积相等的区域）。行星运动定律实质上完美地预测了行星在天空中的位置。

现在我知道行星绕着太阳转，我开始想这是因为什么。为了找出答案，我使用了对我来说非常管用的方法。我先进行仔细观察，再寻找简单的方法来证实我的观察结果，我还用数学的方法来进行预测，并用更多的观察来检验我的预测结果。我称这种方法为科学，它很快就给了我答案：是引力使我的双脚站在地面上，而同样的引力，也使月球绕着地球运转，使行星绕着太阳运转。我发现我生活在一个宇宙中，在这个宇宙里，相同的规律在地球上和在宇宙中都成立。

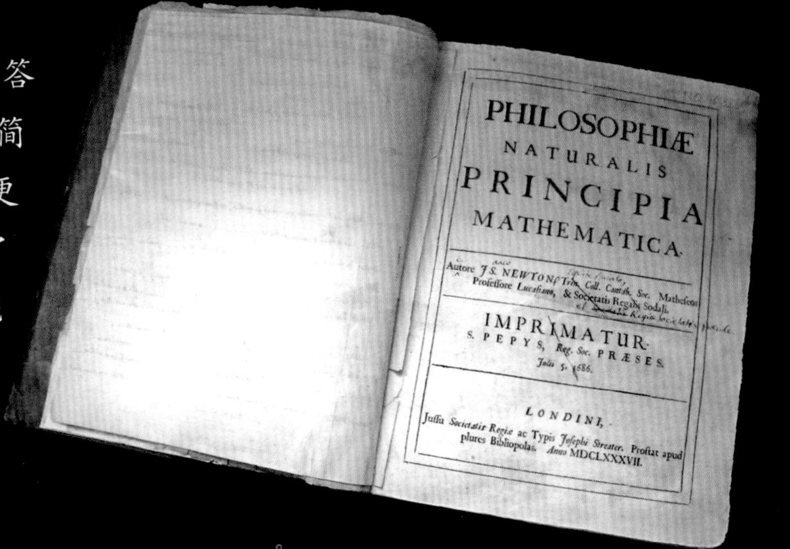

PHILOSOPHIÆ
NATURALIS
PRINCIPIA
MATHEMATICA.

Autore J S. NEWTON, Trin. Coll. Cantab. Soc. Matheseos Professore Lucasiano, & Societatis Regalis Sodali.

IMPRIMATUR.
S. PEPYS, Reg. Soc. PRÆSES.
Julii 5. 1686.

LONDINI,
Jussu Societatis Regiæ ac Typis Josephi Streater. Prostat apud plures Bibliopolas. Anno MDCLXXXVII.

▲在1687年，艾萨克·牛顿出版了一本名叫《自然哲学的数学原理》的书，其中包括他对万有引力定律的发现。他说，当他看到一个苹果从树上掉落下来时，他就意识到，是同样的引力使月球绕着地球运转，使行星绕着太阳运转。

◀引力存在于宇宙中的任何地方，它总是使物体之间相互吸引。它吸引着我们站在地面上，这就是我们可以站在地面上而不会飞起来的原因。它吸引着行星绕着太阳运转，结合行星的运动规律，这也就解释了为什么行星可以围绕太阳运转。引力甚至使2个相距遥远的星系相互吸引，有时还会导致它们相撞。

我设想的新的科学方法也帮助我创造了新的技术。在那不久之后，我制造了更多更大的望远镜，每一台新的望远镜都让我有了新的发现。我看到了土星环和火星的冰盖。我又发现了2颗新行星，它们是我单用肉眼无法观测到的。我还发现了许多较小的天体，它们和行星一样，在围绕着太阳运转。最后，我意识到我们的地球只是一个依靠太阳引力组成的“大家庭”中的一员。我称这个“大家庭”为“太阳系”。

▼这就是今天我们所了解的太阳系。内侧的4颗行星的体积相对较小，而且彼此之间的距离更近。外侧的4颗行星体积更大，彼此之间的距离更远。小行星比普通的行星个头小，由岩石和金属组成，大部分存在于火星和木星的轨道之间的小行星带中。彗星与小行星相似，但它们包含大量的冰；大多数彗星的运行轨道远离行星。一些较大的小行星，如谷神星、冥王星和阋神星，通常被称为“矮行星”。（这张图是将行星相对其轨道放大了1000倍显示的，而太阳并不是以同样的比例显示的；因为太阳的直径约是木星的10倍，如果将它显示出来，它会填满这一页。）

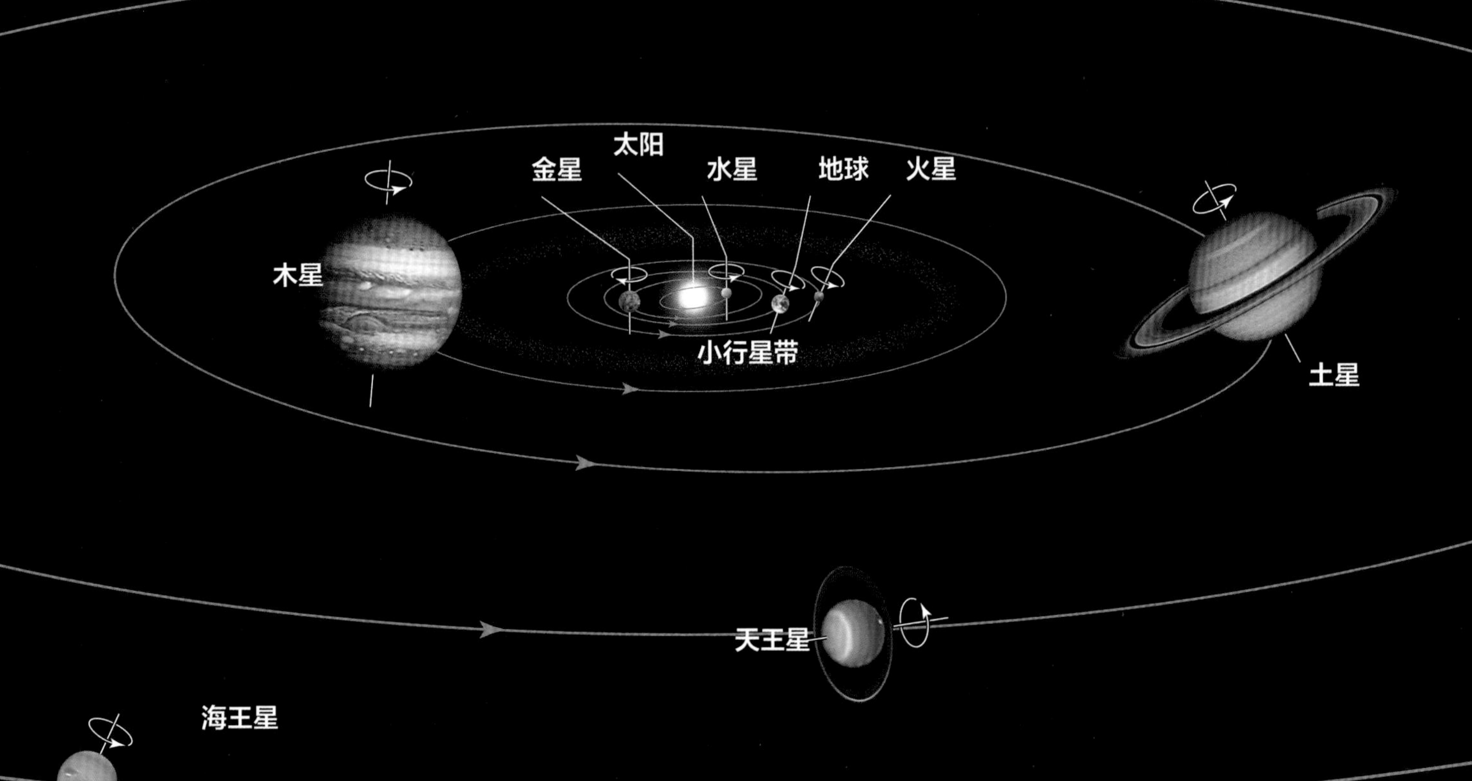

最令人惊讶的是，我意识到夜空的星星不仅仅只是发光而已。这些星星（恒星）不仅像遥远的太阳一样，有围绕着它们运转的行星，每颗恒星还像我们的太阳一样大而明亮。我想知道是不是每一颗恒星都有自己的行星，如果是的话，那这些行星上是否有生物也将我们的太阳看成夜空中的一颗发光的星星。

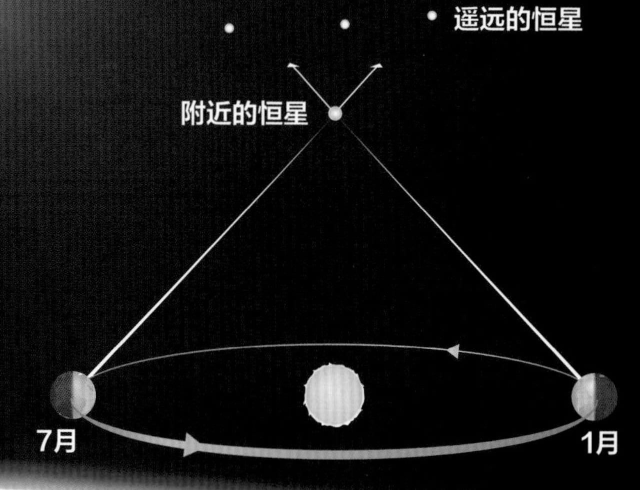

▲今天，天文学家可以非常精确地测量出地球与许多恒星之间的距离。想了解天文学家是如何测量的吗？请你伸出双手，握拳保持不动，然后交替睁开、闭上你的左眼和右眼。注意到了吗？即使你的双手没动，它看起来也会前后移动。同理，当我们在一年中的不同时间观察恒星的位置时，它的位置也会发生轻微的变化。因此，我们可以通过位置变化的多少或者视差，来计算地球与恒星之间的距离。

▼到了17世纪后期，科学家开始意识到太阳是一颗恒星，而我们在夜晚看到的星星之所以暗淡只是因为它们离我们太远。克里斯蒂安·惠更斯是最早认识到这一事实并了解太阳系真实大小的人之一。

宇宙到底有多大，地球究竟有多渺小，我们所有伟大的计划、航行和战争都是在这个“剧院”中进行的。做一个合适的对比，思考一下，对那些为了满足自己野心的统治者来说，战争让那么多的人丧命，只是成就了统治者成为宇宙中这一个小角落

我很快意识到，宇宙比我年少时想象的要大得多。当我在研究天空中恒星的位置排列时，我发现我们的太阳，是一个巨大的星体集合的一部分。我现在称之为银河系。银河系有如此多的恒星——超过1000亿颗——以至我需要几千年的时间才能把它们逐一数出来！我们住的地方离银河系的中心很远，我们所在的太阳系绕着银河系的中心运转，每一次运转都要耗时约2亿年。

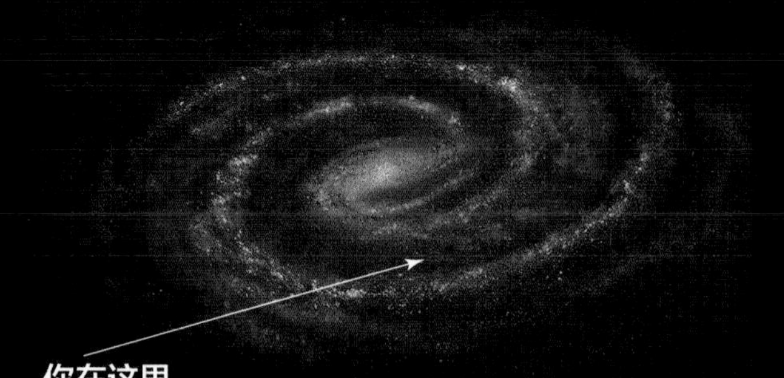

▲这张画展示的是我们的银河系，如果我们能从外部看它的话，它可能就是这个样子。这个明亮的圆盘，其中央膨胀的部分和螺旋形状的像手臂一样的部分，包含着超过1000亿颗闪耀着光芒的恒星，以及巨大的气体尘埃云。在这些气体尘埃云中，有可能诞生新的恒星。图中箭头所指的位置是太阳系在银河系中的大致位置，位于圆盘直径一半的地方。

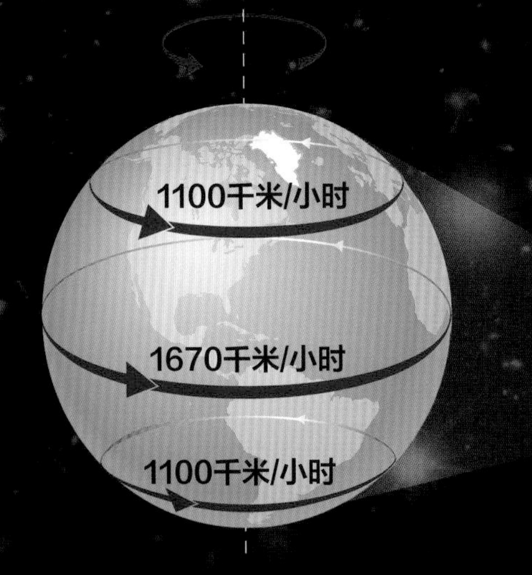

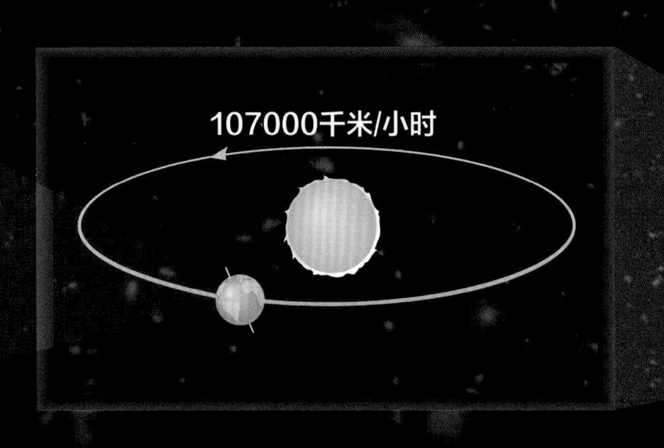

▲我们可能会觉得自己“静止”地坐在地球上，但实际上我们正在进行着高速旅行。地球每天带着我们以每小时1000多千米的速度自转（绕着自转轴）。我们按照地球的运行轨道以每小时10万多千米的速度绕着太阳运转。我们的地球和整个太阳系一样，以每小时80万千米的速度绕着整个银河系的中心运转。

我的观点发生最大变化的时刻，还未到来。有一段时间，我不确定是否有事物位于我们银河系的界限之外。但是当我制造出更大的望远镜之后，我意识到宇宙中充满了星系，有些星系离我们太远，以至它们的光用了数十亿年的时间才被我们看到。我还发现，星系随着时间的推移，正在离彼此更远。很明显，我们的整个宇宙在膨胀，这意味着它从过去开始，由小变大，将来会变得更大。

▲1929年，埃德温·哈勃（哈勃空间望远镜是以他的名字命名的）宣布了他的发现：整个宇宙中的星系随着时间的推移正在远离彼此。换句话说，整个宇宙随着时间的推移，在不断地变大，或者说是正在膨胀。这3个立方体展示了宇宙的一小部分的变化。左边的立方体代表遥远的过去，那时的星系离彼此更近。右边的立方体代表今天星系的状态。

▲今天，我们知道我们的宇宙中有很多星系，每个星系都包含着数以百万或数十亿计的恒星——而这些恒星中的大多数可能有围绕它们自身运转的行星。因为光在宇宙中进行长距离的传播是需要时间的，所以我们现在看到的遥远星系，是它们很久之前的样子，我们现在看到的光是这些光刚刚开始漫长旅程时的样子。这张照片中的一些星系是通过哈勃空间望远镜观测到的，它们的光用了120亿年才被地球上的我们看到。

在过去的一个世纪里，我的知识以从未有过的速度增长着。我发现了更多的自然法则，它们决定了从微小的原子到星系群中一切事物的运转。我用这些法则去研究恒星和行星是如何诞生的，恒星是如何衰亡的。我对自然法则的理解也帮助我认识到宇宙中存在着一些非常奇怪的事物，包括黑洞，它实际上可以扭曲空间和时间。

▲蟹状星云是一颗恒星的遗骸，这颗恒星在名为超新星的巨大爆炸中结束了它自己的生命。

▼猎户星云是一种巨大的气体尘埃云，我们可以在其中看到新的恒星或行星正在诞生。

▼如果你可以透视一个黑洞，那么黑洞后面的恒星也就能够被你看到。这张计算机模拟图像显示的是你透过黑洞可能看到的东西。请注意那些奇怪的光弧和恒星的双重影像，这种现象是因为黑洞扭曲了空间和时间。这种扭曲现象可以用爱因斯坦的相对论来解释。

我制造了越来越大型的望远镜，并向太空发射了一些望远镜，它们使我能够看到那些无法穿过空气到达地面的各种形式的光。通过使用计算机分析所有的数据，我开始了解我们整个宇宙的大小和年龄。我也证实了其他恒星确实有自己的行星，其中许多行星的大小和运行轨道与地球非常相似。

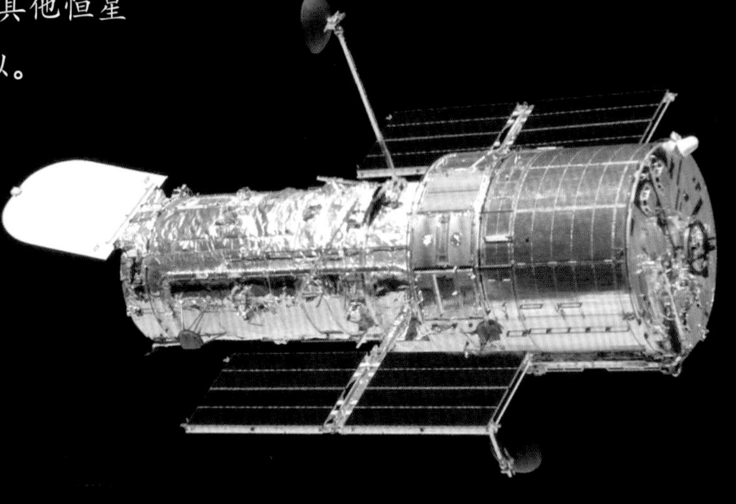

▼数十个望远镜已经发射到太空，包括图中的哈勃空间望远镜，它在地球上方运行。

▼我们的眼睛所能看到的所有颜色构成了我们所说的可见光。有许多其他形式的光，我们的眼睛是看不到的。此图表列出了不同形式的光，并显示了它们能从太空深入我们的大气层多深。请注意，大部分光线不能到达地面，因此只能通过望远镜在高空进行观测研究。

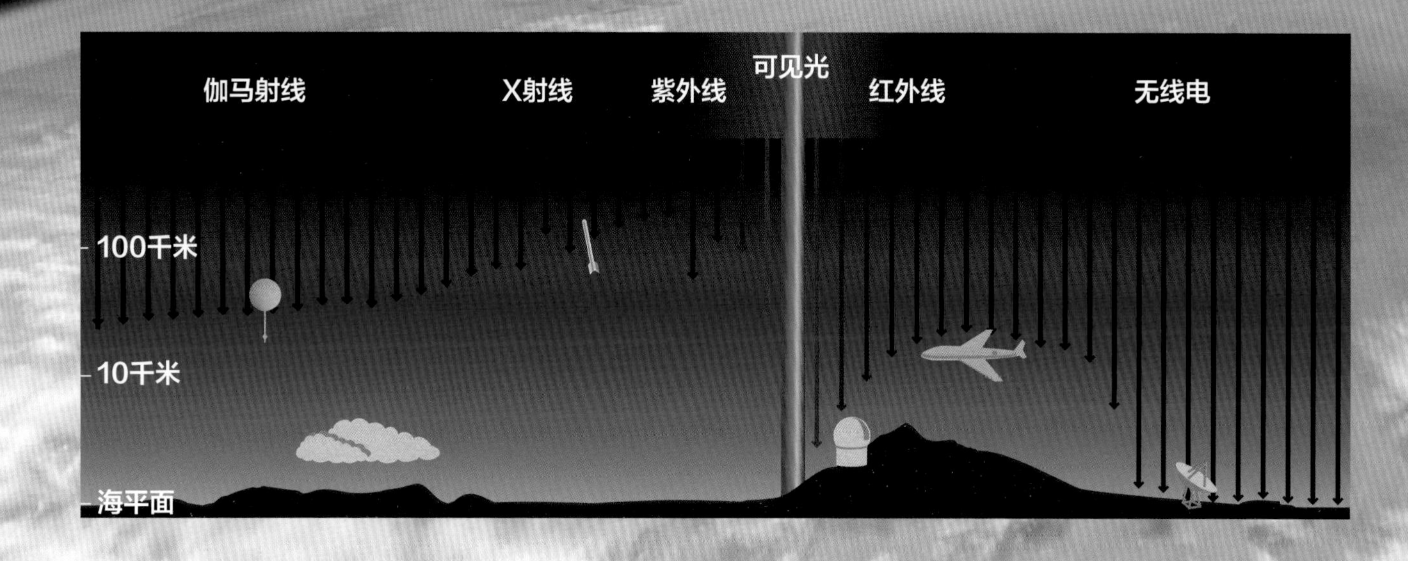

我甚至开始自己去太空旅行。我建造了空间站，我可以从太空中观察地球。我在月球上行走。我还向那些太阳系中我无法到达的地方派出了无人太空探索器。

▲人类首次访问另一个星球是在1969年7月，由宇航员尼尔·阿姆斯特朗和埃德温·奥尔德林登陆月球，从那之后人类再也没有去过其他星球。

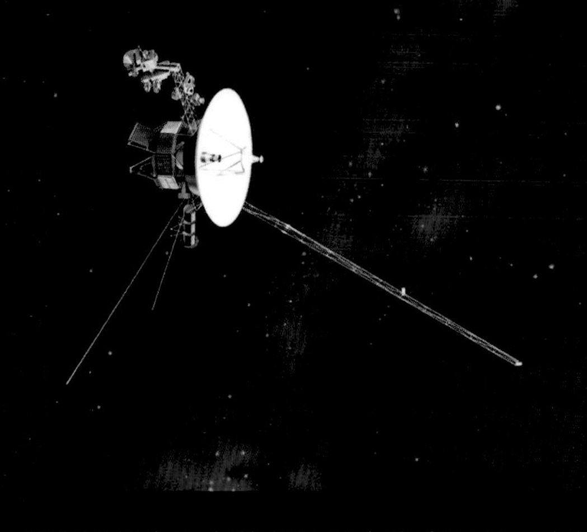

▲我们已经向所有的行星还有许多卫星、小行星和彗星派出了无人太空探测器。这幅图展示的是“旅行者”2号，它访问了木星、土星、天王星和海王星，直至今天，它仍在继续它的旅程。

▼国际空间站每90分钟绕地球一圈。自国际空间站建成以来，已经有十几个国家、不同文化和宗教信仰的200多名宇航员在国际空间站工作过。

这些无人太空探索器的经历，使我渴望自己的旅行。我希望我不久之后能去探索火星的山脉和山谷，去穿越木卫二上的冰川，并在土卫六的海面上航行。

我经常在想，我是否会在太阳系家族的这些星球上找到其他生物。

▲这幅图展示的是以木星为背景的木卫二（欧罗巴）的表面。木卫二的表面被一层厚厚的冰覆盖着，但科学家怀疑冰层之下有一片海洋。在木卫二永恒黑暗的海洋中会有生物在游动吗?

▶土卫六上的温度极低，水不能以液态的形式存在。但是它有河流、湖泊以及由温度极低的液态甲烷和乙烷组成的海洋。这幅绘制出来的图像，是如果我们能够航行在土卫六的一个湖泊上，可能会看到的景象。

▲火星上有太阳系中最大的山脉和最深的峡谷。在这里，我们看到的图像是火星的表面，它是“好奇号”火星探测器拍摄的。虽然火星现在很干燥，但是无人太空探索器已经发现了明显的证据，证明火星上曾经存在湖泊和海洋。这使得科学家们怀疑，火星上是否也曾经存在过生命。

尽管我学到了很多东西，但我还有许多问题需要得到解答。我知道行星和恒星是由什么组成的，但我发现星系中还含有一种神秘的暗物质，其本质仍然让我感到疑惑。更奇怪的是，我发现现今星系之间分开的速度比以前更快了。虽然有时我会说这是由暗能量引起的，但我真的不知道它到底是什么，以及它为什么存在。

▼对宇宙膨胀速度的仔细观察表明，今天的宇宙确实比过去膨胀得更快了。科学家说，这种膨胀正在加速——但还没有人知道原因。

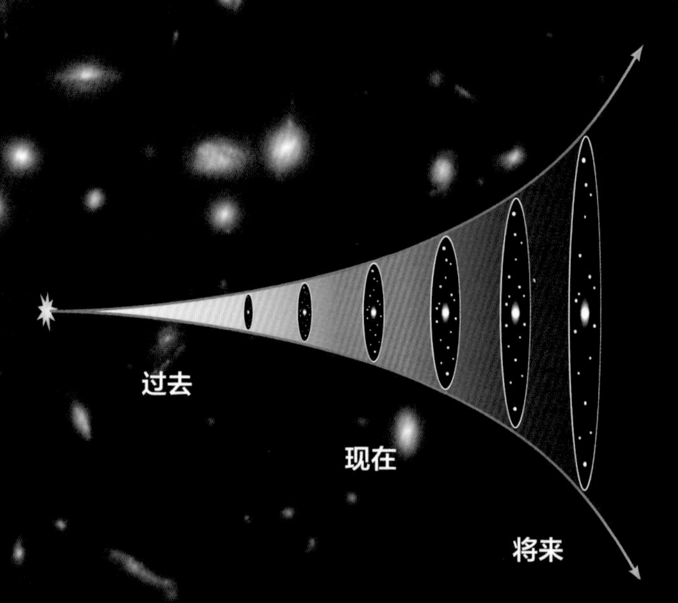

▲如图所示，大星系团通常看起来有很大的光弧。这些弧线实际上是位于星系团后面的其他星系的扭曲图像，星系团的引力扭曲光的原理和黑洞扭曲光的原理是一样的。研究这些图像可以让科学家计算引力的强度，而这些研究揭示了宇宙中的大部分物质并不能发光，这就是为什么它们被称为暗物质。现在依然没有人知道暗物质到底是由什么组成的。

当然，我想知道我是否是孤独的，也就是除我之外，是否还有生物跟我一样，生活在数十亿颗围绕其他恒星运转的行星上。当我想到有各种不同类型的生命和文明可能存在于宇宙的某处时，我的思绪就无法停止。

▼科学家们最近发现，行星绕着其他恒星运转是常见的，其中许多行星的性质可能与地球相似。在这里，我们可以看到2个有关其他星球的虚构场景。下面这幅较小的图像显示的是一颗行星，它与地球非常相似，有着自己的文明，围绕着双星运转。较大的图像（整页）显示的是环绕银河系外的恒星运转的行星的表面，所以整个星系在夜空中是可见的。

但现在，我重新让我的思绪回到地球，重新思考我所学到的一切。在相当短的时间内，我完成了令人难以置信的科学旅程。曾经我认为自己是宇宙的中心，而现在我知道我只是一个物种，生活在一颗小星球上，围绕着一颗普通的恒星运转，身处在宇宙中数十亿个星系中的一个星系之中。

最重要的是，我逐渐意识到，随着我对自己在宇宙中的位置了解得越来越多，我也对自己有了更多的了解。我的身体也许很小，但是当我运用思考的力量时，我就有能力去做伟大的事情。

因为我是人类，我还年轻。如果我继续建设和学习，我的未来是没有极限的。

你知道这些定义

宇宙：所有的星系和它们之间的所有物体，相当于所有物质和能量的总和。

行星：围绕着恒星运转的质量足够大的物体。我们的太阳系有8颗正式的行星：水星、金星、地球、火星、木星、土星、天王星和海王星。

恒星：一种由非常热的气体组成的自己能发光的大球。我们的太阳就是一颗恒星。

星系：太空中巨大的恒星岛，包含数百万颗、数十亿颗甚至数万亿颗恒星。这些恒星都是靠引力围绕着一个共同中心运转而聚集在一起的。

银河系：我们所在的星系。

太阳系（或恒星系统）：我们的太阳系由太阳和所有环绕它运行的物体组成，包括行星、卫星、小行星和彗星等。其他恒星也有相似的天体系统。

纬度：与赤道面的夹角。赤道为0度，北极为北纬90度，南极为南纬90度。

星座：某部分天空中可见的由恒星组成的形状。

相位（如月球或金星的相位）：我们在白天和晚上看到的物体外观的变化。

引力：把具有质量的物体吸引在一起的力。一般来说，质量越大的物体，引力越大。例如，你身体的引力很小，地球有足够的引力把你吸在地面上，而太阳有足够的引力使太阳系的其他物体围绕着它运转。

月食：当月球穿过地球的阴影时发生的景象，只有在满月时才会发生。

天球：指所有恒星都在地球周围的一个大球体上的样子。这是一种错觉，因为我们的眼睛无法感知恒星与地球间的不同距离。

模型（科学）：一种可以用来解释和预测真实现象的理想客体。

科学：以一种可以被观察或实验证实的方式，来寻找可以用来解释或预测自然现象的知识。

卫星：环绕行星（或矮行星等）运行的物体。

椭圆：长圆形，它恰好是所有行星轨道的形状，也是月球以及其他物质的轨道形状。

行星运动定律：描述行星围绕太阳运转的规律。

小行星：绕太阳运行的相对较小的岩石物体。

彗星：质量相对较小，结冰，环绕太阳运行。除了有更多的冰之外，其他性质与小行星相似，通常离太阳更远。

矮行星：大而圆的物体——包括谷神星、冥王星和阋神星——它们绕着太阳运行，但还不够大，不足以算作正式的行星。

视差：由于从不同的位置观察物体，而使物体的位置在同一背景下发生的明显移动。

黑洞：一种特殊的天体。在这个物体中，物质被大大地压缩，甚至连光都无法逃脱。天文学家发现了许多黑洞，它们通过爱因斯坦的相对论被人们理解。

星云：太空中的一团气体（和尘埃）。

相对论：目前我们对空间、时间和引力性质的最好解释，最初是由爱因斯坦提出的。

暗物质：根据其引力效应而命名的未知形式的物质，似乎代表了宇宙中的大部分物质。

暗能量：未知能量或力量的名称，它导致了宇宙的膨胀。并且，宇宙膨胀的速度会随着时间的推移而变快。

宇宙膨胀：星系间的空间随时间的增长而变大。

你也能探索宇宙

不论是谁，不管他的年龄有多大，只要有兴趣并且愿意尝试，都可以探索宇宙。宇宙不会将你阻挡在门外，因为你就在宇宙中。如果你不知道怎么做，可以参考下面的活动建议。探索宇宙的你，建立起宇宙观的你，一定会有什么地方不同于他人。（更多活动和相关资源见www.BigKidScience.com。）

文化天文（所有年级）

通过研究或询问你的长辈，找出你所在文化背景下的人在古代时对宇宙的看法。与其他人讨论为什么这些看法在那个时候有其道理，虽然这些看法可能与我们现在对宇宙的理解不同，但它们在当时是有意义的。

观察天空（三年级及以上）

我们的祖先对天空非常熟悉，无论是白天还是黑夜，但室内的生活和电的使用，让很多人不再注意白天、黑夜的变换。尝试自己观察天空，具体如下：

- 观察太阳的路径：选择一个你可以看到相对清晰的地平线的位置，从东到西绘制地平线的草图（例如，画出建筑物和树木）。在你的草图上画出太阳升起和落下的位置。在中午，当太阳在天空中的最高位置时，你也可以出去，用你的手臂来测量太阳比地平线高出多少。每隔一到两周观测一次，持续几个月，观察太阳的路径在这段时间内的变化。

- 月相：制作至少一个月的日历，每天根据你自己看到的月球的样子画一张图。（因为月球有时只能在下午/晚上才能被看见，有时只能在早晨才能被看见，所以要确保每天早上和晚上都去观察月球。）当你完成持续一个月的观察之后，列出你注意到的关于月球变化周期的所有事情，并试着解释每一件事情的原因。

- 星星的路径：在一个能看到星星的夜晚外出，至少识别出3颗明亮的星星——第一颗位于南方，第

二颗在你的头顶上方，第三颗位于北方。把它们和邻近的星星都画在纸上，这样你就能在其他晚上识别出这些明亮的星星。然后在另一个晚上早点出去，天黑后就开始找你之前观察到的星星。在睡觉前的那段时间，大约1个小时观察一次。你能弄清楚这些星星是如何在你看到的夜空中移动的吗？

● 行星：利用网络找出火星或木星在什么时候会出现在你所在地区的夜空中。然后，每周画一次行星相对于周围恒星的位置草图，至少持续2个月的时间。你观察的这颗行星相对于其他恒星，是向东还是向西移动？在你观察它的这段时间里，它是否经历过“向后”的运动？参考第13页的插图，试着找出在你观测期间地球和火星或木星在它们各自运行轨道上的相对位置。

数星星（五年级及以上）

在第18页的故事中讲到，我们需要数千年的时间才能数清银河系中恒星的数量。让我们做一个更准确的估计。假设银河系中有1000亿颗恒星，尽管实际数量可能还要高出几倍。还假设你每秒钟可以数一颗星星，这样你就需要1000亿秒来数清它们。

使用简单的除法（可用计算器），计算出这是多少分钟、多少小时、多少天和多少年。然后讨论这个结果是如何影响你对银河系和宇宙大小的看法的。

巨大的圆球（五年级及以上）

让我们了解一下太阳系中物体的相对大小。下面的表格显示的是太阳、地球和木星的真实数据。做以下工作：

● 我们将使用一个1∶100亿的比例尺，也就是把每个数值除以100亿得到它的缩放值。然后，大小以厘米为单位，距离以米为单位。（记得吗？1千米=1000米，1米=100厘米。）

● 为每个物体找一些与其缩放后相匹配的东西（比如太阳用一个球或圆形水果表示，行星用一块石头或其他小东西表示）。把“太阳”放在中心位置，然后拿着你的“地球”和“木星”移动到正确的相对位置。地球绕轨道运行一圈约是1年，木星绕轨道运行一圈约是12年。

● 月球的直径比地球直径的四分之一大一点点，它距离地球约40万千米。在这个比例尺下，它是如何运行的呢？

● 写下来或者讨论一下你观察到的这些星体的运动规律是如何影响你的看法的？它能帮助你理解第17页惠更斯的话吗？

物体	*直径*	*离太阳的距离*
太阳	约1400000千米	——
地球	约12800千米	约150000000千米
木星	约143000 千米	约778000000 千米

创造性写作——《宇宙视角》（五年级及以上）

这本书介绍了“宇宙视角”这一概念，意思是我们对宇宙的理解改变了我们对自己和地球的看法。通过创造性的写作用某种形式（如短篇小说、戏剧或诗歌）来表达你对宇宙视角的想法。

研究计划（七年级及以上）

在书中选择一个你想深入了解的主题。举几个例子：阿波罗登月、火星机器人任务、黑洞、宇宙膨胀、暗物质、暗能量或是恒星/行星是如何诞生的。使用网络了解更多有关这些主题的知识，并写一篇关于它的短文。

给家长和教师的话

《这就是宇宙吗？给孩子的宇宙探索简史》不仅仅是一本书。它应该被视为教育的一部分，帮助你的孩子或学生充分发挥他们的潜力。以此为目的，你应该了解一些重要的想法，这将帮助你充分使用这本书。

这本书包含我们所说的成功学习的三大支柱：教育、观点和灵感。

- **教育支柱**是我们希望学生学习的具体内容。在这本书中，教育支柱包括理解科学是如何使用观察和逻辑思维来研究我们周围的世界的。
- **观点支柱**向学生展示他们正在学习的东西如何影响他们对自己的生活和人类在宇宙中的位置的看法。
- **灵感支柱**鼓励学生想要学习更多的知识，并思考他们如何才能使这个世界变得更美好。

当你和你的孩子或学生一起读这本书时，一定要通过活动或讨论来关注这三大支柱。

太空故事时间：《这就是宇宙吗？给孩子的宇宙探索简史》是令人兴奋的“太空故事时间”项目的一部分，在这个项目中，宇航员在国际空间站上阅读图书并进行相关的科学演示。相关视频和其他教育资源在以下网站免费发布：www.StoryTimeFromSpace.com。

>>> 宇宙学年表 <<<

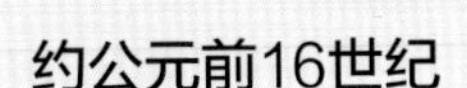

约公元前16世纪

- 美索不达米亚宇宙学认为地球是平坦的圆形土地，周围是宇宙海洋。

约公元前15世纪

- 《梨俱吠陀》收录的宇宙赞美诗，描述了宇宙起源于“金卵”。

公元前6世纪

- 巴比伦人的世界地图显示地球被宇宙海洋与7座岛屿包围。

公元前4世纪

- 亚里士多德提出以地球为中心的宇宙观，其中地球是静止的，宇宙的范围有限，时间无限。

1543年

- 哥白尼于《天体运行论》中提出日心体系。

1576年

- 迪格斯对他父亲的著作《预言》进行了修改并再次出版。其中收录了他提出的无限空间中各个恒星距离不同的理论。

1584年

- 布鲁诺发展了哥白尼的日心说，他认为宇宙是无限的，太阳系只是其中的一部分。

1610年

- 开普勒通过“夜空是黑暗的”这个现象反对了伽利略宇宙无限的主张，提出了有限宇宙观。

1687年

- 牛顿出版《自然哲学的数学原理》描述宇宙天体运动。

18世纪

- 哈雷、夏西亚科斯也提出了“为什么夜空是黑暗的？”这个疑问。

1755年

- 康德断言星云与星系不同，认为星系位于银河系以外，他称其为宇宙岛。

1791年

- 伊拉斯谟斯•达尔文在他的诗中提出宇宙在周期性扩张与收缩。

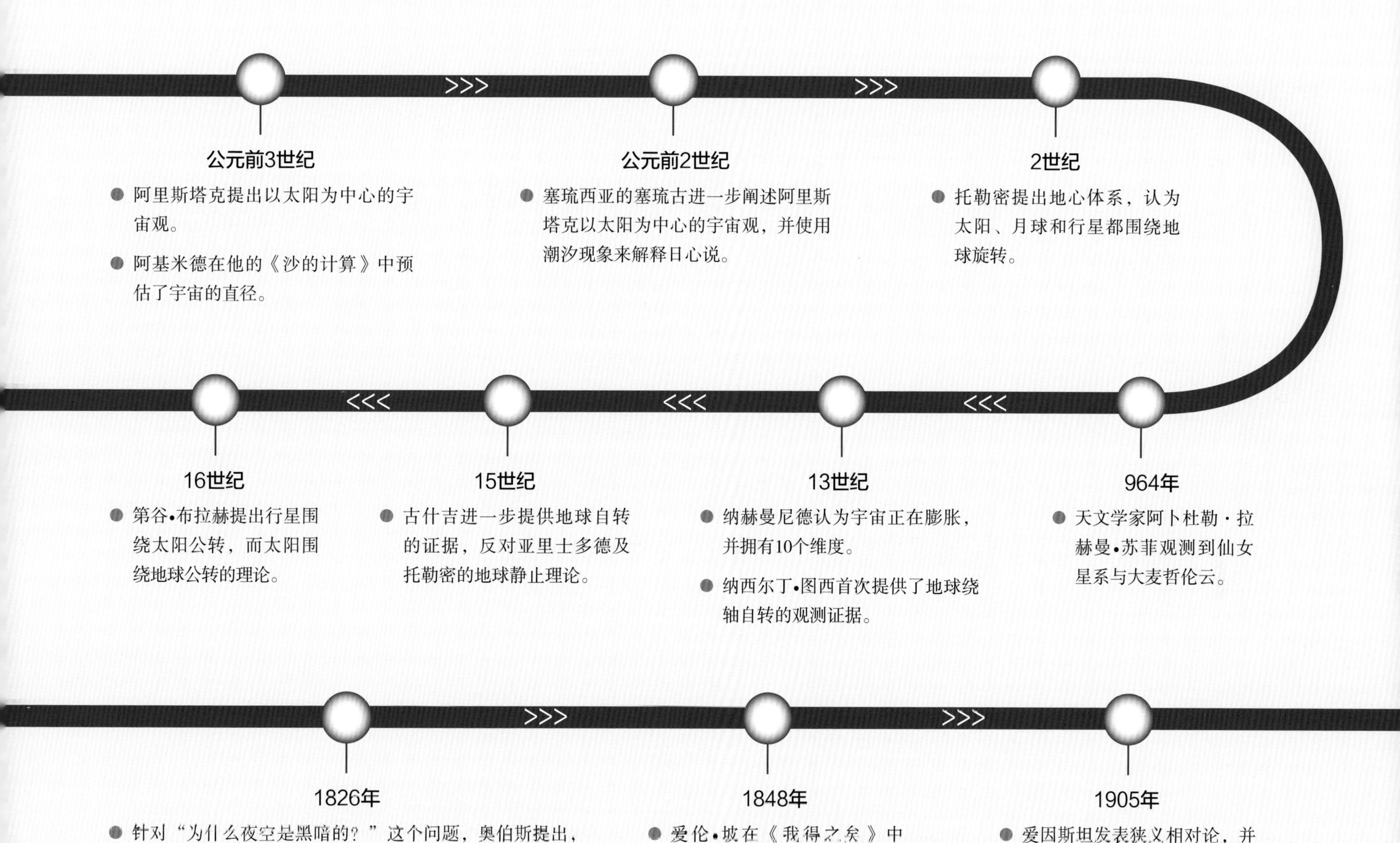

>>>
>>>
公元前3世纪
阿里斯塔克提出以太阳为中心的宇宙观。
阿基米德在他的《沙的计算》中预估了宇宙的直径。
公元前2世纪
塞琉西亚的塞琉古进一步阐述阿里斯塔克以太阳为中心的宇宙观，并使用潮汐现象来解释日心说。
2世纪
托勒密提出地心体系，认为太阳、月球和行星都围绕地球旋转。
964年
天文学家阿卜杜勒·拉赫曼•苏菲观测到仙女星系与大麦哲伦云。
13世纪
纳赫曼尼德认为宇宙正在膨胀，并拥有10个维度。
纳西尔丁•图西首次提供了地球绕轴自转的观测证据。
15世纪
古什吉进一步提供地球自转的证据，反对亚里士多德及托勒密的地球静止理论。
16世纪
第谷•布拉赫提出行星围绕太阳公转，而太阳围绕地球公转的理论。
<<<
<<<
<<<
>>>
>>>
1826年
针对“为什么夜空是黑暗的？”这个问题，奥伯斯提出，如果宇宙是静止无限的，恒星均匀布满天空，那么夜空也应和白天一样明亮，但是实际上夜空是黑暗的。这种理论与观测间的矛盾，后人称其为“奥伯斯佯谬”。
1848年
爱伦•坡在《我得之矣》中对“奥伯斯佯谬”提出的问题进行了解答，提出了膨胀宇宙假说。
1905年
爱因斯坦发表狭义相对论，并主张空间和时间是不可分割的整体。

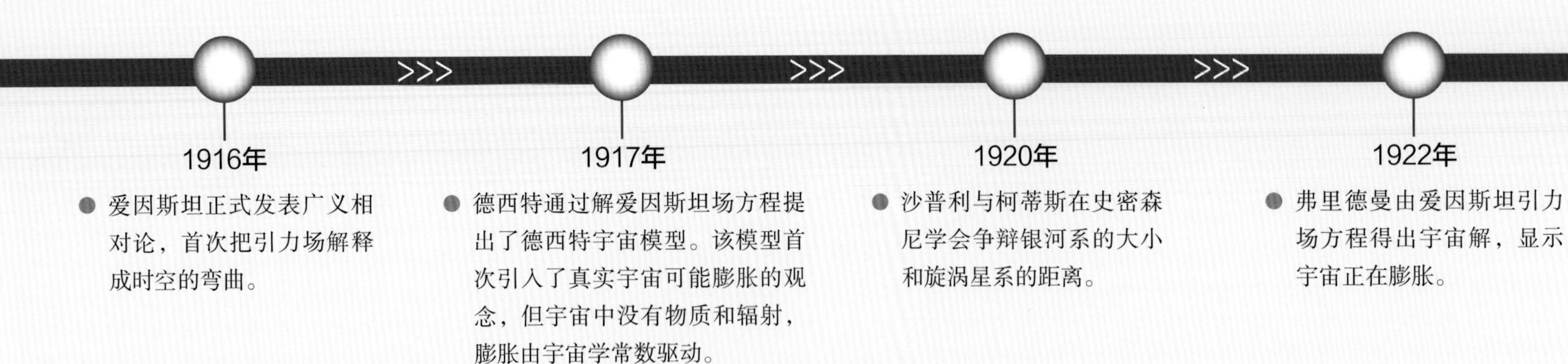

1916年

- 爱因斯坦正式发表广义相对论，首次把引力场解释成时空的弯曲。

1917年

- 德西特通过解爱因斯坦场方程提出了德西特宇宙模型。该模型首次引入了真实宇宙可能膨胀的观念，但宇宙中没有物质和辐射，膨胀由宇宙学常数驱动。

1920年

- 沙普利与柯蒂斯在史密森尼学会争辩银河系的大小和旋涡星系的距离。

1922年

- 弗里德曼由爱因斯坦引力场方程得出宇宙解，显示宇宙正在膨胀。

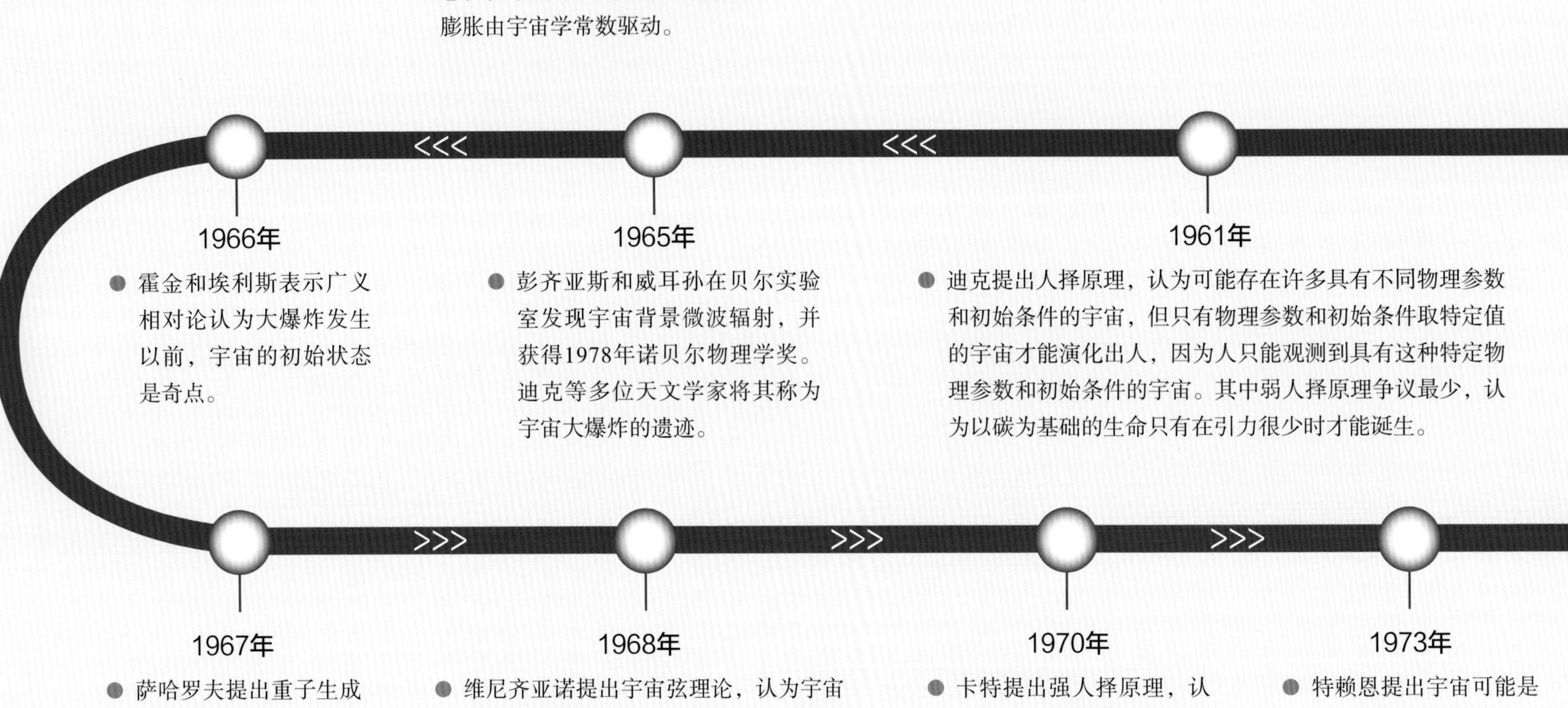

1961年

- 迪克提出人择原理，认为可能存在许多具有不同物理参数和初始条件的宇宙，但只有物理参数和初始条件取特定值的宇宙才能演化出人，因为人只能观测到具有这种特定物理参数和初始条件的宇宙。其中弱人择原理争议最少，认为以碳为基础的生命只有在引力很少时才能诞生。

1965年

- 彭齐亚斯和威耳孙在贝尔实验室发现宇宙背景微波辐射，并获得1978年诺贝尔物理学奖。迪克等多位天文学家将其称为宇宙大爆炸的遗迹。

1966年

- 霍金和埃利斯表示广义相对论认为大爆炸发生以前，宇宙的初始状态是奇点。

1967年

- 萨哈罗夫提出重子生成问题，认为反重子与重子具有不对称性。

1968年

- 维尼齐亚诺提出宇宙弦理论，认为宇宙中的万物是由基本粒子构成的，而那些基本粒子则是由弦的振动构成的，即弦才是宇宙中最终的根本存在。

1970年

- 卡特提出强人择原理，认为大自然的基本常数必须位于一个受限制的范围内，才能允许生命出现。

1973年

- 特赖恩提出宇宙可能是一个量子涨落。

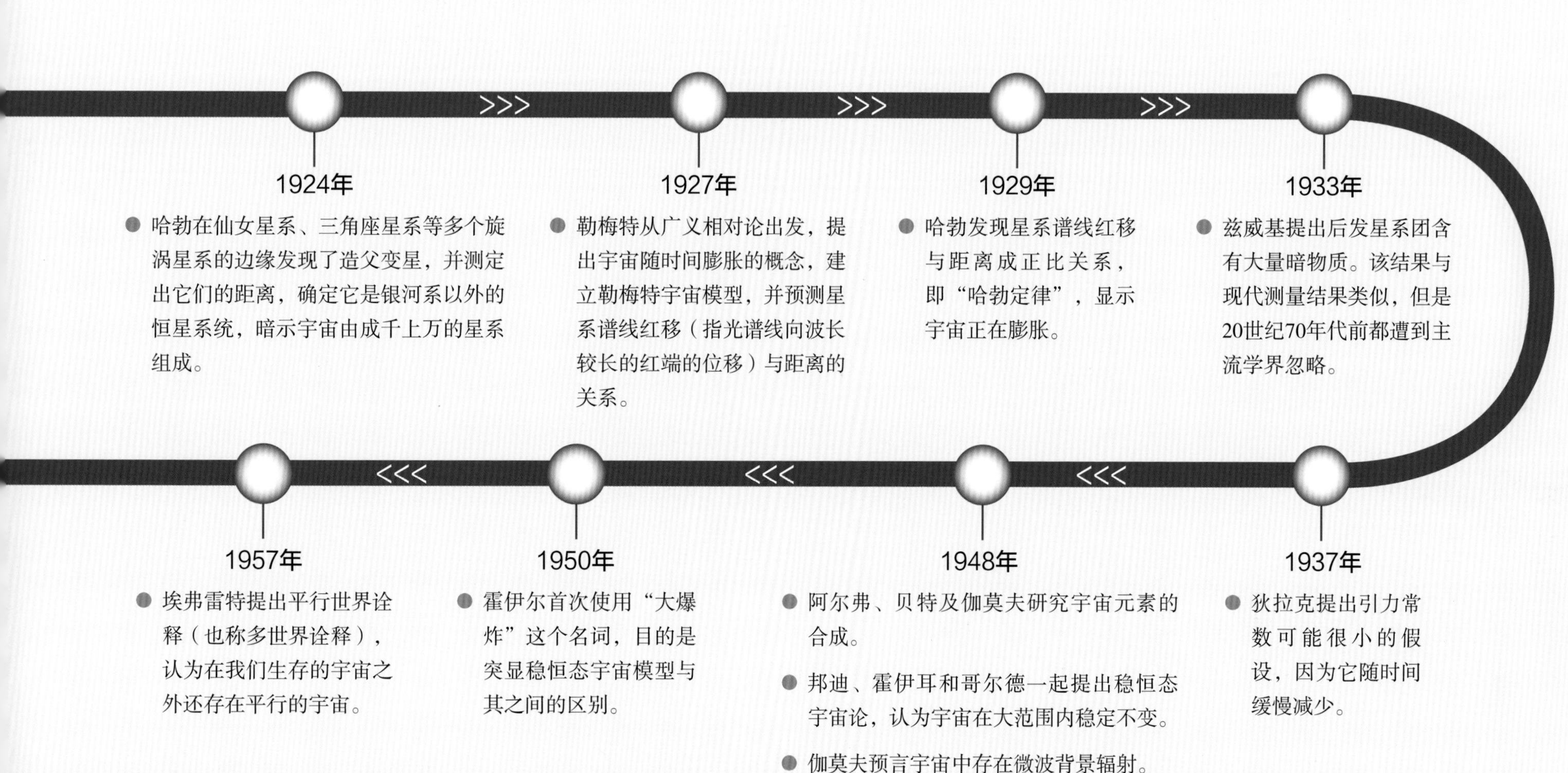

1924年

- 哈勃在仙女星系、三角座星系等多个旋涡星系的边缘发现了造父变星，并测定出它们的距离，确定它是银河系以外的恒星系统，暗示宇宙由成千上万的星系组成。

1927年

- 勒梅特从广义相对论出发，提出宇宙随时间膨胀的概念，建立勒梅特宇宙模型，并预测星系谱线红移（指光谱线向波长较长的红端的位移）与距离的关系。

1929年

- 哈勃发现星系谱线红移与距离成正比关系，即“哈勃定律”，显示宇宙正在膨胀。

1933年

- 兹威基提出后发星系团含有大量暗物质。该结果与现代测量结果类似，但是20世纪70年代前都遭到主流学界忽略。

1937年

- 狄拉克提出引力常数可能很小的假设，因为它随时间缓慢减少。

1948年

- 阿尔弗、贝特及伽莫夫研究宇宙元素的合成。
- 邦迪、霍伊耳和哥尔德一起提出稳恒态宇宙论，认为宇宙在大范围内稳定不变。
- 伽莫夫预言宇宙中存在微波背景辐射。

1950年

- 霍伊尔首次使用“大爆炸”这个名词，目的是突显稳恒态宇宙模型与其之间的区别。

1957年

- 埃弗雷特提出平行世界诠释（也称多世界诠释），认为在我们生存的宇宙之外还存在平行的宇宙。

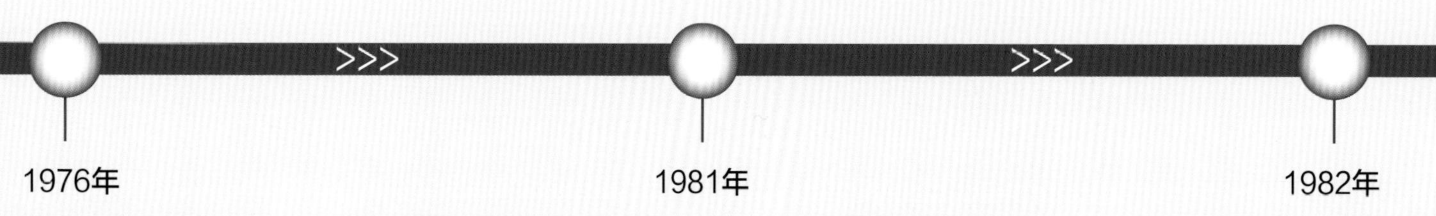

1976年

- 有科学家借由奥克洛的史前核反应堆提出自然界存在持续20亿年的天然核裂变。

1981年

- 顾斯提出暴胀宇宙理论（实际上，此前斯塔罗宾斯基也提出过）。
- 格林和许瓦兹在弦理论的基础上又提出超弦理论，认为每个粒子必须有一个超对称的“伙伴”，但该理论只在十维空间中才有意义。

1982年

- 美国哈佛-史密森天体物理中心（CfA）的第一次CfA红移巡天完成。
- 皮布尔斯与邦德等人提出宇宙由冷暗物质所主宰。

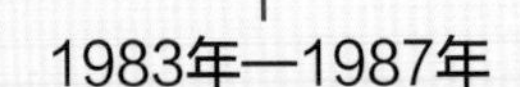

1983年—1987年

- 戴维斯、弗伦克及其他同事首次使用计算机模拟宇宙结构的形成，结果表明冷暗物质与观测结果相吻合。

1988年

- 第二次的CfA红移巡天促成了巨壁（星系密集分布的一个巨大片状结构）的发现。

1990年

- 宇宙背景探测者确认宇宙微波背景辐射具有黑体光谱。

1992年

- 宇宙微波背景探测器发现宇宙背景辐射微小各向异性。

1998年

- 波尔马特和施密特分别领导的团队通过对Ⅰa型超新星测距发现宇宙加速膨胀，提出宇宙常数并非为零的直接证据。

1999年

- “毫米波段气球观天计划”与其他天文学家提供各向异性宇宙微波证据，表明宇宙的几何形状接近平坦。

2001年

- 2度视场星系红移巡天的观测结果，提出类似暗能量的证据。

2003年

- 威尔金森微波各向异性探测器（WMAP）观测到宇宙微波背景辐射图，显示宇宙的年龄约为137亿岁。
- 史隆数位巡天发现史隆巨壁，史隆巨壁是星系组成的巨墙。

2006年

- 威尔金森微波各向异性探测器结果公布，进一步确认标准的平坦模型、宇宙常数和冷暗物质模型。

2007年

- 科学家在研究宇宙微波背景辐射信号时发现了一个巨大的冷斑，暗示宇宙之外还存在平行宇宙。

2013年

- 欧洲航天局根据“普朗克”探测器提供的数据，将宇宙的精确年龄修正为138.2亿岁。
- 科学家通过普朗克望远镜观测到的辐射数据发现我们的宇宙是10亿个宇宙中的一个，第一次有证据显示平行宇宙存在。

2014年

- 美国哈佛-史密森天体物理学中心的科学家利用BICEP2望远镜发现了B模式偏振信号，探测到了宇宙暴胀产生的引力波。

专家审定团

图片归属

P3：地球图片来自美国国家航空航天局

P5：地球、太阳系、宇宙图片来自皮尔逊

P5：银河系图片来自迈克 · 卡罗尔

P6：弗拉马里翁雕刻图片的画者未知，由罗伯塔 · 韦尔、加西亚 · 韦尔 · 加勒里着色

P7：巨石阵图片来自维基共享/公共领域/马夫拉蒂

P7：佩特拉图片来自维基共享/伯索尔德 · 维尔纳

P7：吴哥窟图片来自维基共享/公共领域

P7：月球图片来自维基共享/杰伊 · 坦纳

P8：星空图片来自杰里 · 罗德里格斯

P9：月食图片来自冈萨雷斯 · 阿尔瓦雷斯

P10：天空中的行星图片来自杰里 · 罗德里格斯

P10：火星逆行的图片来自通奇 · 泰泽尔和坚克 · 泰泽尔

P12：星盘的图片来自科学史博物馆

P12：巴黎夜景图的图片来自塞奇 · 布伦涅

P14：伽利略用望远镜观测星空的图片来自迈克 · 卡罗尔

P15：书的图片来自维基共享/安德鲁 · 邓恩

P15：碰撞星系的图片来自美国国家航空航天局/哈勃空间望远镜

P17：地球的图片来自美国国家航空航天局/国际空间站第7探险队

P18：两张银河系图片来自迈克 · 卡罗尔

P19：哈勃极深空图片来自美国国家航空航天局/哈勃空间望远镜

P20：猎户星云、蟹状星云的图片来自美国国家航空航天局/哈勃空间望远镜

P21：哈勃空间望远镜和地球图片来自美国国家航空航天局/哈勃空间望远镜

P22：国际空间站图片来自美国国家航空航天局

P22：奥尔德林在月球上的图片来自美国国家航空航天局/“阿波罗”11号

P22：“旅行者”2号的图片来自美国国家航空航天局/喷气推进实验室

P23：火星图片来自美国国家航空航天局/喷气推进实验室

P23：木卫二（欧罗巴）的图片来自迈克 · 卡罗尔

P23：土卫六的图片来自谢斯 · 维恩博斯

P24：阿贝尔383星系团的图片来自美国国家航空航天局/哈勃空间望远镜

P25：两幅图均来自迈克 · 卡罗尔

P26—27：图片来自弗洛林 · 普鲁诺尤在Corbis平台上发表的图片

P6、P8、P9、P11、P13、P16—19、P21、P24的图片改编自杰弗里 · 贝内特、梅甘 · 多纳休、尼古拉斯 · 施奈德于2015年在美国新泽西州的培生教育集团出版的《宇宙透视》第7版